Bibliographic information published by the German National Library:

The German National Library lists this publication in the National Bibliography; detailed bibliographic data are available on the Internet at http://dnb.dnb.de .

Imprint:

Print and binding: Books on Demand GmbH, Norderstedt Germany
ISBN: 9783668876415

This book at GRIN:

https://www.grin.com/document/453072

Oleg Gradov, E. D. Adamovič

Telemetričeskaja sverhvysokočastotnaja ÈKG-pristavka s potočnym konvejernym raspoznavaniem obrazov v režime real nogo vremeni

GRIN Verlag

Телеметрическая сверхвысокочастотная ЭКГ-приставка с поточным конвейерным распознаванием образов в режиме реального времени

Адамович Е.Д., Градов О.В.

Институт Энергетических Проблем Химической Физики РАН

Разработана технология распознавания образов в режиме реального времени для диагностики и физиологической электроморфологической кластеризации электрокардиограмм с использованием оцифровки по критерию бинаризации контраста и трансляцией сигнала с дигитайзера, выполненного в конструкте приставки к портативному электрокардиографу, по сверхвысокочастотному / радиочастотному каналу (1.2 ГГц). Обработка телеметрической информации осуществляется после поступления принятого ресивером канала через тюнер с АЦП на ЭВМ. Исходно данная система реализована для анализа многоканальных данных ЭЭГ, однако впоследствии полностью адаптирована для анализа данных с самопишущих приборов ЭКГ, работающих по тому же принципу аналоговой электрофизиологической записи.

Microwave broadcasting telemetric / telemedical ECG adaptor for on-line pattern recognition, automatic physiological data clusterization & diagnostics

Adamovič E.D., Gradov O.V.

Institute for Energy Problems of Chemical Physics, Russian Academy of Sciences

To realize the on-line technology of the ECG pattern recognition on the rotating reel recording bobbin lent we have designed an experimental model of the adapter that allows a telemedical broadcasting of the ECG signal (to the PC with a pattern recognition program) using 1.2 GHz microwave signal. This approach was developed initially for the multi-channel EEG recording, but it was later extended to ECG, which can be considered as a simplest regular case of electrophysiological recording.

Введение.

1. История автоматизации электрокардиографических измерений.

Задачи автоматизации сбора и обработки электрокардиографических данных в кардиологии успешно решаются, начиная с ранних 1960-х годов [1-3]. Прогресс автоматической обработки данных определяется прогрессом вычислительной техники: первые автоматические электрокардиографические системы с возможностью параметрической идентификации возникают не ранее конца 1960-х гг. – параллельно с появлением «малых» цифровых вычислительных машин [4-6]. Этот период совпадает со временем появления первых курсов по биомедицинским приложениям компьютерной техники [7], порождающих к середине 1970-х гг. шквал работ по эффективным цифровым вычислительным методам анализа биомедицинских, в особенности – электрофизиологических данных.

Достаточно эффективные алгоритмы кластеризации для современных тому времени машин возникают с 1973 года [8], хотя годом ранее дается более тематически общее решение этой задачи [9]. До этого автоматизация предусматривала более автоматизацию визуализации сигнала, чем сбора и последовательной цифровой обработки данных. В 1960-х гг. был внедрен означающий данный подход термин «дисплейные техники / технологии», применявшийся, в частности, для фетальной электрокардиографии [10]. В 1970-е гг., в связи с увеличением возможностей вычислений, системы подобного рода стали называть «system for automated display and calculation» [11], что ознаменовало переход к новой электрокардиографической технике и методологии.

К концу 1970-х гг. появились веские причины говорить о весомом вкладе цифровых вычислительных машин в кардиологию [12], хотя и в редакционной статье в «Lancet» 1974 года «Диагностика и автоматизация» («Diagnosis and automation», сс. 505-506) наблюдался ряд предпосылок для аналогичного заключения. Прогресс заключался в том, что из пределов прогностики «достижимого» данный подход за несколько лет перешел в пределы «достигнутого» и был внедрен во многих научных и клинических учреждениях развитых стран.

Приятно отметить, что в те годы СССР практически не отставал от них, а по ряду социально-важных трендов шел с известным опережением. Так, в первой половине 1970-х гг. в СССР уже была разработана автоматизированная система для массированного кардиологического тестирования [13,14], причем в основе советских разработок того периода лежали вычислительные устройства – типа ЕАК-2 [15], а к началу 1980-х был произведен переход к микрокомпьютерной технике [16]! Несмотря на то, что первые мультитестовые автоматизированные лаборатории были разработаны в США в 1960-х и позволяли снимать множество значений физиологических параметров с использованием одной вычислительной машины (электрокардиография, антропометрия, визуальные тесты зрения, тонометрия, фотосъемка сетчатки, аудиометрия, определения емкости, вопросник здоровья на перфорированных картах и лабораторные тесты, включая восемь химических тестов крови), ввод данных в них был опосредован человеком и ЭВМ выполняла в них не столько фиксирующую, сколько анализирующую функцию [17]; на большее бы просто не хватало бы вычислительных мощностей. К тому же, как указывалось выше, автоматизация в 1960-е гг. была во многом мониторинговой, но недостаточно пост-процессинговой [18].

2. Телеметрическая кардиография.

Развитие компьютерного анализа электрокардиограмм в конце 1960-х – начале 1970-х было подстегнуто появлением многоканальных телеметрических устройств, обработка которых была несподручна и требовала бы в обратном случае раздувания штатов центров, занимавшихся подобными экспериментами. Поэтому мы вынуждены дать справку о росте производительности биотелеметрических электрокардиографических систем с конца 40-х, чтобы продемонстрировать тренд на смыкание (конвергенцию) телеметрии с цифровой вычислительной техникой. Первые эксперименты по телеметрии в электрокардиографии относятся к концу 1940-х гг. и были выполнены Холтером, впоследствии известным как создатель Холеровского мониторирования (мониторинга) [19], однако первые устройства, разработанные Холтером для такой телеметрии, весили 38 кг и не могли быть применены в клинической практике. Радиоэлектрокардиография как первая применимая для данных целей техника была предложена им в 1957 году [20] и стала трендом электрокардиографии телеметрической направленности [21,22] в начале 1960-х гг. Если на первых порах процесс измерений с массивными передающими блоками могли вынести только атлеты [23], то, по мере микроминиатюризации телеметрических систем [24], это стало доступным почти для всех нуждающихся (при весе устрйоств не более нескольких килограмм, а затем – и менее того).

Прогрессивные работы советских специалистов под руководством В.В. Розенблата – разработчика радиопульсофона – позволили осуществлять телеметрическую регистрацию пульса, дыхания, динамометрических показателей и, что наиболее важно для этой работы, сердечных потенциалов на движущемся человеке [25]. Уральские ученые-медики первыми в мире зарегистрировали по радио полную кривую электрокардиограммы у спортсменов-конькобежцев во время спортивных соревнований на первенство СССР (7 марта 1962 года – через 2 дня эти записи появились в «Медицинской газете», а через 3 дня в американской газете «Нью-Йорк таймс»), токи мозга и сердца у горнолыжника во время прыжка с трамплина и т.д. [26]. За рубежом несколько похже были внедрены аналогичные подходы к радиотелеметрическому электрокардиографическому мониторингу на активных лошадях [27]. Микроминиатюризация передатчиков позволила в дальнейшем работать на животных меньшего размера, причем впоследствии – и с вживлением передатчиков под кожу либо внутрибрюшинно. В настоящее время в кардиологии наиболее распространена телеметрия на модельных животных, таких как грызуны (крысы [28-30], в меньшей мере, в силу меньшего размера, затрудняющего фиксацию передатчика, мыши [31]), козы и овцы [32], собаки [33-36], птицы [37] и т.д.

Примечательным является то, что в силу передачи по радиочастотному каналу [38] (в современных условиях это, как правило, опосредовано микроконтроллерами [39,40]), т.е. в беспроводном режиме [41,42], становится возможным сбор данных не только в замкнутых камерах (как это было характерно в 1970-е гг. [43]), но и с движущихся под животных [44] в ходе исследования их поведения [45]. Так как принятые для аналоговой телеметрии ранее методы передачи с частотной модуляцией [46,47] не всегда оправдывают себя в телеметрии сердечной активности, в современных условиях чаще используют разновидности методов цифровой модуляции / манипуляции. Современная ЭКГ-телеметрия основана полностью на цифровых стандартах коммуникации, таких как “Bluetooth” [48-50], IEEE 802.11 (Wi-Fi) [51], что хорошо гармонизируется с операционными стандартами ISO/IEEE x73-PHD и SCP-ECG [52]. Исключение представляют собой только малые экспериментальные чипы и приемопередатчики, выпускаемые отдельными фирмами (напр, «AD Instruments»). Целый ряд телеметрических программно-аппаратных комплексов использует средства редукции и сжатия данных на тракте передачи до АЦП или post factum [53], индивидуальные методы кодирования для каждого источника [54], а в последнее время и методы криптографии, что приводит к возможности автоматического опознавания индивидуума по его кардиограмме [55]. Это делает надежной беспроводную биотелеметрическую передачу [56,57], защищая её от внешних наводок и интерференционных артефактов, наличие которых было неизбежно при работе в физических средах с множественными источниками при аналоговом подходе к приемопередаче. Кроме того, в ряде специальных случаев это элиминирует возможные артефакты среды.

Начиная с 1960-х гг. ведутся работы по использованию телеметрии птиц в полете и человека при парашютировании [58,59], а также подготовки к космической телеметрии для астронаватов / космонавтов [60]. Производится сопоставление телеметрии для воздушной и водной среды [61], проводится электрокардиографирование пловцов [62-64] (аналогично проводятся тесты принудительного плавания Просолта на крысах [65]). Возникают техники передачи фонокардиографического сигнала в подводной среде [66,67]. Вполне очевидно, что сигнал, распространяющийся в некоторой среде, в случаях, если он взаимодейсвует со средой, ею же может быть искажен (затухание, дисперсия и т.д.). Поэтому на ряде частот необходимо весьма серьёзно учитывать свойства среды как источник артефактов.

Источником таковых может являться также собственная среда организма. Это имеет смысл в интраатриальной телеэлектрокардиографии [68], в любых методах, связанных с имплантацией передающих в недостаточно оптимальных диапазонах систем (что, по-видимому, часто случалось в 60-е / 70-е гг. [69,70]). Впрочем, анализ таких шумов не имеет смысла, технической реализации и достаточной достоверности при использовании аналоговых систем, поэтому внедрение в практику прогрессивных методов шумоподавления и фильтрации задержалось до прихода в биомедицинскую радиоэлектронику достаточно производительных цифровых ЭВМ. На современном этапе их производительность достаточна для широкодиапазонной обработки [71] и при большом количестве каналов сбора-передачи информации. В последнее время в тренд входят телеметрические системы на чипе, аббревиируемые как “SoC” (эквивалентно “LoC” – лабораториям на чипе) [72], в которых достигается высокая степень интеграции и компактизации одновременно. Это является продолжением и результатом тренда на микроминиатюризацию в ЭКГ-телеметрии, зародившегося в конце 1960-х – начале 70-х гг.

3. Клинические и экспериментальные приложения.

Уменьшение размера отдельных модулей реггистрации позволило использовать для комплексного анализа сигналов с одного организма существенное количество каналов, но это повлекло за собой кратное увеличение объема данных, требующих элиминирования артефактов на записи и автоматизированного различения особенностей сигнала. Проблема артефактов записи, возникающих при телеметрии динамического объекта, остро стояла в 1960-х гг. [73], но также остро стоит в 2010-х [74], а различие состоит лишь в том, что при больших вычислительных мощностях, свойственных последнему периоду, она решается с большим успехом за счет учета пренебрегавшихся ранее тонких деталей, ставшего ныне возможным за счет высочайшей производительности обработки данных на современных вычислительных платформах, в том числе – в режиме реального времени. В 1970-е годы ЭКГ-телеметрия стала доступной даже для младшего медицинского персонала [75], но это не повлекло возможности расшифровки ЭКГ младшим персоналом на имевшихся ЭВМ, а то время как в современных условиях это является реальностью.

Так как параметрические техники кластеризации направлены на исследование ритма сердца, логично, что первой возникшей доступной клинической телеметрией, которая не требовала высокой компьютерной техники, была HRT (heart-rate telemetry) [76], однако при этом она базировалась на электрокардиографической регистрации, была совместима с ней [77], позволяла регистрировать аритмии [78,79], стенокардию и сопутствующие синдромы [80]. Позитивное компаративное значение в этом случае имело совмещение мониторинга дыхательной и сердечной функции [81]. Существенный скачок в комплекировании ЭКГ на телеметрических прицнипах был сделан в 1970-х гг. в связи с заинтересованностью NASA (в связи с космическими полетами) [82] и проектированием ряда программ для телеметрии [83]. Любое современное ПО, по умолчанию, включает в себя те метрологические функции для анализа ЭКГ, о которых ранее можно было думать только при наличии больших ЭВМ [84], причем зачастую позволяют делать это в режиме реального времени, что в принципе было невозможно при недостатке вычислительных мощностей [85]. Современные системы для интраоперационной телемедицины с использованием телеэлектрокардиографии дают множество дополнительных каналов сбора данных, требующих специализированных сред для корректного их анализа [86]. Если ранее артефакты и неточности могли говорить лишь о технических сложностях на уровне расшифровывающего телеметрию персонала [87], то в современных многоканальных технических системах с варьируемым приоритетом сбора / обработки данных требуется учитывать лаг данных (не реального времени), который сам по себе способен, по результатам AHA, сделать данные бессмысленными [88], что требует внедрения внешнего «квалиметрического» наблюдения [89,90]. Во многих случаях вполне достаточно сопоставление с моделью, выведенной «ab initio» - из первых принципов [91], но в большинстве клинических случаев это малоинформативно для диагноста.

В то же время амбулаторное [92] и клиническое («госпитальное») [93-95] внедрение средств телеметрии требует автоматизированного анализа с автоматической элиминацией артефактов. Так как автоматический анализ электрокардиографических записей вошел в практику ещё в 1980-х гг. [96], это кажется само собой разумеющимся. Внедрение методов такого рода в службах скорой помощи и в медицине катастров представляет значительно большую и более значимую задачу [97-99]. В 1970-е гг. было распространено мнение, что возможна помощь с диагностированием при передаче электрокардиографических данных через телефонную сеть [100], что ускорило бы помощь пациенту. Несколько ранее (1960-е) была на грани внедрения телефонная телеметрия биоэлектрической информации [101,102], что, в особенности, могло быть полезным для телефонизированной электрокардиографии [103] в предварительной диагностике. Эта идея была внедрена несколько позже – 1980-е с использованием телефонной системы GPO [104], а впоследствии электрокардиография по телефонной линии была сравнительно широкомасштабно апробирована в Словении [105] и СССР и его бывших республиках (см. рис. 1). В настоящее время это направление преобразовалось в ветвь телемедицины, в том числе – самодиагностики и самопомощи при телемедицине, в которой используется мобильная телефония [106], on-line / in-flight передача по высокоскоростным сетям Интернета [107] (в том числе – облач ные решения [108,109]), системы удаленной автоматизации «умного дома» в стандарте Z-Wave [110].

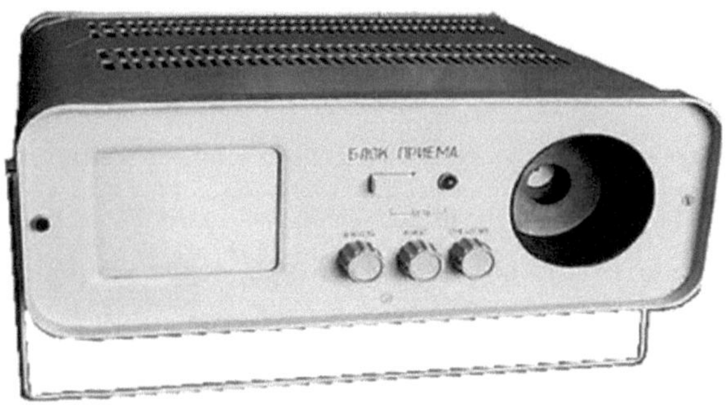

Илл. 1: Система СПЭКС-Т приема – передачи ЭКГ по телефону. «Система предназначена для снятия, передачи и приема по телефонному каналу связи сигнала ЭКГ в 12 стандартных отведениях. Прием, как и передача ЭКГ сигнала, не требует дополнительных коммуникационных разъемов и осуществляется с использованием обыкновенных телефонных аппаратов. Сигнал с электродов, установленных на теле пациента, поступает на вход шифратора блока передачи. С выхода блока передачи частотно-модулированный и усиленный сигнал поступает через акустический контакт головки громкоговорителя на микрофон телефонного аппарата и далее в линию телефонной связи. В приемном конце канала телефонной связи сигнал через индикационный контакт телефонного аппарата поступает на вход фильтра блока приема. В блоке приема происходит усиление и детектирование электрокардиограммы на самописец или кардиограф, а также показывается на экране встроенной в блок приема осцелографической трубки с длительным послесвечением, позволяющим наблюдать 3-4 последовательных сердечных импульсов. В состав системы входит блок

приема и два блока передачи, смонтированных в пластиковых коробках, в которых также находится кабель отведения и электроды. ...Питание блоков передачи - автономное (6 В)». [Инструкция к СПЭКС-Т]

Упрощение и повсеместная распространенность этих стандартов передачи привели к возможности самостоятельного (DIY – do it yourself) регистрирования и удаленной интерпретации электрокардиографии [111] как в первичной помощи [112], так и до этого в профилактических либо контрольных целях [113]. Существенное удешевление и миниатюризация телеметрических приемников и усилителей даже по отношению к 1970-м гг. [114,115], в соответствии с законом Мура, ведет к возможности всеобщего внедрения при условии повышения медицинской грамотности населения. Этот вопрос особо злободневен в провинциальных регионах [116,117], однако это сглаживается достаточно далеко идущей – до нескольких месяцев вперед [118] – прогностикой, в связи с чем медицинский персонал в большинстве случаев может успеть предсказать вероятный исход задолго до критического состояния (это позволяет на данном этапе внедрять не DIY-контроль, а диспансеризацию). Те же случаи (например – спонтанные аритмии [119]), которые не входят в это правило, не являются достаточными показаниями для срочной госпитализации или вмешательства. На данный момент телеметрическая электрокардиография является наиболее действенным и информативным средством для предотвращения внезапной сердечной смертности [120].

Хорошо известное амбулаторное холтеровское мониторирование [121] может быть по объективным критериям сопоставлено с любым представителем базы данных репозитория телеметрии [122] и по сопоставлению выставлен диагноз, но для этого надо использовать методы и аглоритмы распознавания образов. Развитие медицинской телеметрии вообще с 1960-х гг. [123-129] демонстрирует стойкий тренд «телеметрическая запись → телеметрическое измерение после приема → телеметрическая передача уже измеренных данных в цифровой форме → телеметрическая трансляция сжатых данных с передатчика → телеметрическая трансляция значений анализа данных с микропроецссорного чипового передатчика → ...», в связи с чем, за счет микроминиатюризации вычислительных систем, можно полагать, что одним из следующих шагов будет «...→ телеметрическая передача уже распознан ных и классифицированных данных → телеметрическая передача диагноза после связи с удаленной базой данных → телеметрическое предложение терапевтических или фармакологических мер противодействия, если таковые возможны». Именно на этом этапе, скорее всего, произойдет массовое внедрение телеметрии в рамках телемедицины и спутникового мониторинга популяций (где придется также решать задачу трассирования [130]) в практику. За счет этого же станет практичным предсказанное и уже внедряемое в локальную практику в развитых странах направление телеметрической трансляции [131].

4. Образраспознающие техники.

На данном этапе во многих развивающихся странах речь об этом идти не может, как и не может идти речь о телемедицине вообще. В то же время во многих странах (включая страны быв. СССР / СНГ и представители СЭВ) до сих пор часто (значительно чаще, чем хотелось бы, исходя из рациональных требований автоматизации), используются простые электрокардиографы с записью на бумаге. Пределом автоматизации для таких случаев является сканирование и распознавание записей, пределом телемедицины – передача их электронной почтой для консультации более квалифицированному специалисту. Распространенные на этом уровне техники расшифровки мало отошли от планиметрических техник 1970-х годов [132], а расшифровка интевалов производится с помощью виртуальных линеек, подобных тем, что использовались при анализе микрофильмов и микрофишей электрокардиограмм в
1970-е гг. [133,134].

Особенно процесс осложняется при систематическом анализе достаточно многоканальных записей и при сопоставлении с записями под нагрузкой (и в ряде других состояний) [135]. Аналогичная по сложности многоканальная телеметрия / телеметрия со множественными выводами [136-138], как правило, в современных условиях решает это автоматическим путем. Для выполняемого человеком анализа подобная сложность может являться источником метрологических, а следовательно – диагностических ошибок.

Перед этим преимуществом теряют смысл множественные вопросы к традиционноой цифровой телеметрии, которые, несомненно, могут иметь место [139-144]. Действительно, неоцифрованные данные не обеспечивают автоматизированный «data mining» в принципе, по определению. В таком случае, необходимо создать приставку к вышеуказанным ЭКГ-аппаратам аналоговой записи, обеспечивающую скоростную динамическую регистрацию записываемой формы волны и телеметрическую on-line передачу данных на ЭВМ с on-line обработкой данных. Источник записи в данном случае может быть любым: хоть внешним, хоть имплантируемым [145-147], так как сама приставка должна быть телеметрической.

В случае передачи со стандартных датчиков это будет телеметрия первого порядка; в случае оцифровки данных телеметрии, поступающих на электрокардиограф через ресивер (если в ходе регистрации используется устаревшая аналоговая системотехника телеметрии), надо говорить о телеметрии второго порядка (так как первое декодирование ЭКГ происходит в блоке сопряжения / ресивере, а второе – графическое и образраспознающее – в приставке и оцифровывающем телеметрически передаваемые ею данные программном обеспечении, получающем их в цифровом виде после прохождения АЦП на блокесопряжения ЭВМ). То есть, хотя, по существу, существует и стадия графического кодирования в сигнал КМОП, в действительности в данной установке роль бумаги и её считывания вспомогательная, но её считывание замещает функцию аналого-цифрового преобразования.

5. Предлагаемая конструкция.

Нами предложена и выполнена конструкция образраспознающей приставки для ЭКГ следующего состава. В основу положен электрокардиограф ЭК1Т-03М (чувствительность 5, 10, 20 мм/мВ; скорость движения ленты 25, 50 мм/с; регистрируемые отведения I - II - III - aVR - aVL - aVF V и D,A,I по Нэбу; диапазон измерения временных интервалов – от 0.001 сек. до 2 сек.; полоса просускания – от 0.2 до 60 Гц; диапазон измерения напряжения – от 0.03 до 4 мВ; входное сопротивление не менее 5МОм при сопротивлении синфазных помех менее 85 Ом и уровне шумов менее 25 мкВ) с термозаписью. Примечательным является тот факт, что ранее электрокардиографы класса ЭК1Т-03М могли использоваться для приема при телеметрии электрокардиограмм, переданных по телефону через комплекс аппаратуры САЛЮТ типа СВЯЗЬ МТ (см. илл. 1).

Над лентой после пера и лентопротяжного механизма фиксирован светозащищенный модуль, на котором располагается беспроводная видеокамера с инфракрасной подсветкой и радиопередатчиком. Передача видеосигнала происходит по радиоканалу на частоте 1.2 ГГц (возможна также вариация 0.9 ГГц). То есть передача сигнала осуществляется в сверхвысокочастотном диапазоне с использованием фреймов данных видеоформата. Сигнал принимается ресивером с ручкой точной частотной настройки. Аналогичные схемы примененялись в радиочастотной трансляции в графических спектрозональных лабораториях на чипе, основанных на аналогичных ПЗС или КМОП содержащих модулях [147]. Нами было создано две модификации приставки на электрокардиограф – с регулятором механической подстройки частоты и без такового на корпусе. Внешний вид модификации прибора с ручкой тонкой настройки показан на илл. 2, а альтернативный упрощенный вариант, снабженный только вдвижной шторкой на окне визирования объектива – продемонстрирован на илл. 3.

Транслируемый на трансмиттер сигнал впоследствии попадает на карту видеозахвата / тюнер (по существу – АЦП), с которой без задержен (в сущности – on-line) оцифровывается. Два различных программных продукта, основанных на распознавании образов, оцифровывают сигнал по принципам распознавания зон наивысшей яркости на бинаризованном негативном файле и классифицируют / кластеризуют его в соответствии с общепринятыми в кардиологии и кардиофизике алгоритмами. К сожалению, наиболее важный из этих процессов на данный момент не имеет дружественного интерфейса и выполняется в MATLAB без GUI. Продукт же первого типа любой пользователь-программист может написать самостоятельно либо может использовать известный дигиталайзер “Graph2Digit” (http://plsoft.narod.ru/digitizer.html), но, увы, с оцифровкой не по каждому кадру, а только по тем, которые входят в PQRST периодизм. На данный момент ведутся консультации со специалистами и возможными пользователями – медиками и биологами, имеющие целью установление наиболее оптимальных способов отсчета для различных кардиографических задач, связанных с тахикардией, брадикардией, аритмией. Также производится эргономическая обкатка первого GUI для данной системы оцифровки и анализа с использованием распознавания образов. Завершение этой работы сделает данную приставку вкупе с источником графического ЭКГ-сигнала полноценным программно-аппаратным комплексом.

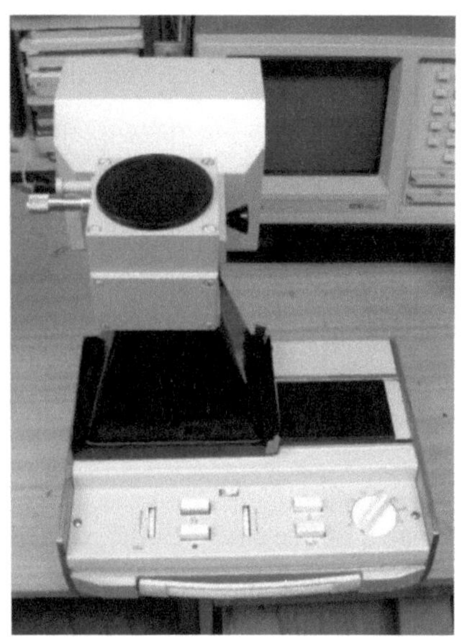

Илл. 2: Модификация прибора с «ручкой тонкой настройки» – регулятором механической подстройки частоты.

Илл. 3: Альтернативный упрощенный вариант, снабженный только вдвижной шторкой на окне визирования объектива.

Литература:

1. Caceres C.A., Steinberg C.A., Abraham S., Carbery W.J., Mcbride J.M., Tolles W.E., Rikli A.E. Computer extraction of electrocardiographic parameters // Circulation – 1962 – Vol. 25 – pp. 356-362.
2. Whiteman J.R., Gorman P.A., Calatayud J.B., Abraham S., Weihrer A.L., Caceres C.A. Automation of electrocardiographic diagnostic criteria // JAMA – 1967 – Vol. 200, Issue 11 – pp. 932-838.
3. Caceres C.A., Wiener J. Problems in automation of electro-physiologic data // Biomed Sci Instrum – 1963 – Vol. 1 – pp. 177-185.
4. Yasui S., Yokoi M., Watanabe Y., Okamoto N., Okajima M. On-line diagnostic system for the electrocardiogram by small scale digital computer // Japan Circ. Journ. – 1968 – Vol. 32, Issue 11 – pp. 1597-1601.
5. Stanley E.L., Sanders L.G. Prolonged monitoring of guanethidine effect by an automatic sampling and data analysis system // Angiology – 1968 – Vol. 19, Issue 6 – pp. 333-341.
6. Daly J.J., Johnson S.G. Automated method for monitoring ventricular ectopic beats // Lancet – 1968 – No. 7572 – p. 813.
7. Yoder R.D. A course in biomedical computing applications // Journ. Med. Educ. – 1969 – Vol. 44, Issue 11 – pp. 1056-1062.
8. van Bemmel J.H., Hengeveld S.J. Clustering algorithm for QRS and ST-T waveform typing // Comput. Biomed. Res. – 1973 – Vol. 6, Issue 5 – pp. 442-456.
9. Tomek I. A clustering technique in the classification of almost periodic waveforms // Comput. Biomed. Res. – 1972 – Vol. 5, Issue 6 – pp. 621-628.
10. Hon E.H., Lee S.T. The fetal electrocardiogram. 3. Display techniques // Amer. Journ. Obstetr. Gynecol. – 1965 – Vol. 91 – pp. 56-60.
11. Johnston K.W., Hager M., Cobbold R.S. Systolic pressure slope: system for automated display and calculation // Angiology – 1977 – Vol. 28, Issue 2 – pp. 69-74.

12.Rautaharju P.M. The impact of computers on electrocardiography // Eur. Journ. Cardiol. — 1978 – Vol. 8, Issue 2 – pp. 237-248.

13.Kurochkin Y.A. Automation of cardiological mass testing of population // Biomed. Eng. – 1974 – Vol. 8, Issue 1 – pp. 8-10.

14.Kurochkin Yu.A., Metelitsa V.I., Maslov O.V., Pogorelko K.G. Automation of mass cardiological examinations // Biomed. Eng. – 1975 – Vol. 9, Issue 5 – pp. 271-276.

15.Pupko I.D., Keiver A.R., Grigor'ev N.N. EAK-2 computing device for automatic mass electrocardiographic examinations // Biomed. Eng. – 1976 – Vol. 10, Issue 5 – pp. 263-267.

16.Ignatiewa I.F., Davidenko A.V., Dorofeeva Z.Z., Markovskaya T.S., Fuks E.G. Using minicomputers for automation of VCG processing // Adv. Cardiol. – 1981 – Vol. 28 – pp. 93-95.

17.Collen M.F. Periodic health examinations using an automated multitest laboratory // JAMA – 1966 – Vol. 195, Issue 10 – pp. 830-833.

18.Rawles J.M., Crockett G.S. Automation on a general medical ward: monitron system of patien monitoring // Br. Med. Journ. – 1969 – No. 5672 – pp. 707-711.

19.Holter N.J., Generelli J.A. Remote recording of physiological data by radio // RM Med. Journ. – 1949 – Vol. 46, Issue 9 – pp. 747-751.

20.Holter N.J. Radioelectrocardiography: a new technique for cardiovascular studies // Ann. N.Y. Acad. Sci. – 1957 – Vol. 65, Issue 6 – pp. 913-923.

21.Winsor T., Sibley E.A., Fisher E.K. Electrocardiograms by telemetry // Calif. Med. – 1961 – Vol. 94 – pp. 284-286.

22.Cerkez C.T., Steward G.C., Manning G.W. Telemetric electrocardiography // Can. Med. Assoc. Journ. – 1965 – Vol. 93, Issue 23 – pp. 1187-1199.

23.Rose K.D., Dunn F.L. Telemeter electrocardiography: a study of heart function in athletes // Nebr. St. Med. Journ. – 1964 – Vol. 49 – pp. 447-456.

24.Deboo G.J., Fryer T.B. Miniature biopotential telemetry system // Amer. Journ. Med. Electron. – 1965 – Vol. 4 – pp. 138-142.

25.Rozenblat V.V., Vorob'ev A.T. A method of picking up cardiac potentials from moving human subjects for radiotelemetr // Bulletin of Experimental Biology and Medicine –1962 – Vol. 52, Issue 4 – pp. 1217-1221.

26.Розенблат Владимир Викторович // Спорт на Урале http://sportufo.ru/persony/26-persony-r/1367-rosenblat-vladimirviktorovich.html

27.Banister E.W., Purvis A.D. Exercise electrocardiography in the horse by radiotelemetry // Journ. Amer. Vet. Med. Assoc. – 1968 – Vol. 152, Issue 7 – pp. 1004-1008.

28.Ning G., Bai Y., Yan W., Zheng X. Investigation of beat-to-beat cardiovascular activity of rats by radio telemetry // Clin. Hemorheol. Microcirc. – 2006 – Vol. 34, Issue 1-2 – pp. 363-371.

29.Schlatter J., Zbinden G. Heart rate- and ECG-recording in the rat by biotelemetry // Arch. Toxic. Suppl. 1982 – No. 5 – pp. 179-183.

30.Sgoifo A., Stilli D., Medici D., Gallo P., Aimi B., Musso E. Electrode positioning for reliable telemetry ECG recordings during social stress in unrestrained rats // Physiol. Behav. – 1996 – Vol. 60, Issue 6 – pp. 13971401.

31.Kramer K., van Acker S.A., Voss H.P., Grimbergen J.A., van der Vijgh W.J., Bast A. Use of telemetry to record electrocardiogram and heart rate in freely moving mice // Journ. Pharmacol. Toxicol. Meth. – 1993 – Vol. 30, Issue 4 – pp. 209-215.

32.Hermans B., Lewi L., Jani J., De Buck F., Deprest J., Puers R. Feasibility of in utero telemetric fetal ECG monitoring in a lamb model // Fet. Diag. Ther. – 2008 – Vol. 24, Issue 2 – pp. 81-85.

33.Gelzer A.R., Ball H.A. Validation of a telemetry system for measurement of blood pressure, electrocardiogram and locomotor activity in beagle dogs // Clin. Exp. Hypertens. – 1997 – Vol.19, Issue 7 – pp. 1135-1 160.

34.Killingsworth C.R., Ritscher D.E., Walcott G.P., Rollins D.L., Ideker R.E., Smith W.M. Continuous telemetry from a chronic canine model of sudden cardiac death // Journ. Cardiovasc. Electrophysiol. – 2000 – Vol. 11, Issue 12 – pp. 1333-1341.

35.Miyazaki H., Tagawa M. Rate-correction technique for QT interval in longterm telemetry ECG recording in beagle dogs // Exp. Anim. – 2002 – Vol. 51, Issue 5 – pp. 465-475.

36.Ilbäck N.G., Gunnarsson K., Stålhandske T. Effects of rhIGF-I and insulininduced hypoglycaemia on cardiovascular parameters recorded withtelemetry in the conscious dog // Pharmacol. Toxicol. – 2002 – Vol. 90, Issue 2 – pp. 73-81.

37.Gabrielsen G., Kanwisher J., Steen J.B. "Emotional" bradycardia: a telemetry study on incubating willow grouse (Lagopus lagopus) // Acta Physiol. Scand. – 1977 – Vol. 100, Issue 2 – pp. 255-257.

38.Ko W.H., Hynecek J., Homa H. Single frequency RF powered ECG telemetry system // IEEE Trans. Biomed. Eng. – 1979 – Vol. 26, Issue 2 – pp. 105-109.

39.Oweis R.J., Barhoum A. PIC microcontroller-based RF wireless ECG monitoring system // Journ. Med. Eng. Technol. – 2007 – Vol. 31, Issue 6 – pp. 410-418.

40.Harada E., Yonezawa Y., Caldwell W.M., Hahn A.W. A microcontrollerbased telemetry system for sympathetic nerve activity and ECG measurement // Biomed. Sci. Instrum. – 1999 – Vol. 35 – pp. 6367.

41.Güler N.F., Fidan U. Wireless transmission of ECG signal // Journ. Med. Syst. – 2006 – Vol. 30, Issue 3 – pp. 231-235.

42.Borromeo S., Rodriguez-Sanchez C., Machado F., Hernandez-Tamames J.A., de la Prieta R. A reconfigurable, wearable, wireless ECG system // Conf. Proc. IEEE Eng. Med. Biol. Soc. – 2007 – pp. 1659-1662.

43.Carpenter F.C. ECG telemetry within a small, closed chamber // Aerosp. Med. – 1970 – Vol. 41, Issue 4 – pp. 402-406.

44.Kharidia J., Eddington N.D. Effects of desethylamiodarone on the electrocardiogram in conscious freely moving animals: pharmacokinetic and pharmacodynamic modeling using computer-assisted radio telemetry // Biopharm. Drug Dispos. – 1996 – Vol. 17, Issue 2 – pp. 93-106.

45.Fontani G. Telemetry of several biological signals from behaving animals // Pflugers Arch. – 1981 – Vol. 391, Issue 4 – pp. 343-344.

46.Djorup A., Nielsen J.F., Wagner G. Implantable fm-telemetry transmitter for long-term registration of biopotentials // Dan. Med. Bull. – 1970 – Vol. 17, Issue 5 – pp. 136-137.

47.Kadefors R., Yon E.T., Ko W.H. A single-channel FM telemetry unit: its design, fabrication and application // Med. Prog. Technol. – 1974 – Vol. 2, Issue 4 – pp. 197-202.

48.Grossmann U., Kunze C., Stork W., Müller-Glaser K.D. Mobiles EKG mit Bluetooth-kommunikation // Biomedizinische Technik – 2002 – Vol. 47 – pp. 363-364.

49.Lucani D., Cataldo G., Cruz J., Villegas G., Wong S. A portable ECG monitoring device with Bluetooth and Holter capabilities for telemedicine applications // Conf. Proc. IEEE Eng. Med. Biol. Soc. – 2006 – pp. 5244-5247.

50.Cosmanescu A., Miller B., Magno T., Ahmed A., Kremenic I. Design and implementation of a wireless (Bluetooth) four channel bio-instrumentation amplifier and digital data acquisition device with user-selectable gain, frequency, and driven reference // Conf. Proc. IEEE Eng. Med. Biol. Soc. – 2006 – pp. 2053-2056.

51.Moein A., Pouladian M. WIH-based IEEE 802.11 ECG monitoring implementation // Conf. Proc. IEEE Eng. Med. Biol. Soc. – 2007 – pp. 36773680.

52.Trigo J.D., Chiarugi F., Alesanco A., Martínez-Espronceda M., Serrano L., Chronaki C.E., Escayola J., Martínez I., García J. Interoperability in digital electrocardiography: harmonization of ISO/IEEE x73-PHD and SCPECG // IEEE Trans. Inf. Technol. Biomed. – 2010 – Vol. 14, Issue 6 – pp. 1303-1317.

53.Kyoso M., Uchiyama A. ECG data reduction method for medical telemetry systems // Front. Med. Biol. Eng. – 2001 – Vol. 11, Issue 2 – pp. 131-152.

54.Eloranta E., Norberg H., Nilsson A., Pudas T., Säkkinen H. Individually coded telemetry: a tool for studying heart rate and behaviour in reindeer calves // Acta Vet. Scand. – 2002 Vol. 43, Issue 3 – pp. 135-144.

55.Zhang Z., Wang H., Vasilakos A.V., Fang H. ECG-cryptography and authentication in body area networks // IEEE Trans. Inf. Technol. Biomed. – 2012 – Vol. 16, Issue 6 – pp. 1070-1078.

56.Kang K., Park K.J., Song J.J., Yoon C.H., Sha L. A medical-grade wireless architecture for remote electrocardiography // IEEE Trans. Inf. Technol. Biomed. – 2011 – Vol. 15, Issue 2 – pp. 260-267.

57.Yang H., Chai J. The study and design of a wireless ECG monitoring system // Biomed. Instrum. Technol. – 2012 – Vol. 46, Issue 5 – pp. 395-399.

58.Roy O.Z., Hart J.S. Transmitter for telemetry of biological data from birds in flight // IEEE Trans. Biomed. Eng. – 1963 – Vol. 10 – pp. 114-116.

59.Goldberg M.N., Foster D.R. Telemetry of physiological data during parachute research // Biomed. Sci. Instrum. – 1963 – Vol. 1 – pp. 263-271.

60.Kaufman W.C., Ratino D.A., Marko A. Telemetry system for physiological evaluation of space suits // Aerosp. Med. – 1969 – Vol. 40, Issue 1 – pp. 4850.

61.Utsuyama N., Yamaguchi H., Obara S., Tanaka H., Fukuta S., Nakahira J., Tanabe S., Bando E., Miyamoto H. Telemetry of human electrocardiograms in aerial and aquatic environments // IEEE Trans. Biomed. Eng. – 1988 – Vol. 35, Issue 10 – pp. 881-884.

62.Goodwin A.B., Cumming G.R. Radio telemetry of the electrocardiogram, fitness tests, and oxygen uptake of water-polo players // Can. Med. Assoc. Journ. – 1966 – Vol. 95, Issue 9 – pp. 402-406.

63.Frampton C., Riddle H.C., Roberts J.R. An ECG telemetry system for physiological studies on swimmers // Biomed. Eng. – 1976 – Vol. 11, Issue 3 – pp. 87-90, 94.

64.Yamaguchi H., Tanaka H., Obara S., Tanabe S., Utsuyama N., Takahashi A., Nakahira J., Yamamoto Y., Jiang Z.L., He J., Bando E., Myamoto H. Changes in cardiac rhythm in man during underwater submersion and swimming studied by ECGtelemetry // Eur. Journ. Appl. Physiol. Occup. Physiol. – 1993 – Vol. 66, Issue 1 – pp. 43-48.

65.Kramer K., Grimbergen J.A., van der Gracht L., van Iperen D.J., Jonker R.J., Bast A. The use of telemetry to record electrocardiogram and heart rate in freely swimming rats // Meth. Fin. Exp. Clin. Pharmac. – 1995 – Vol. 17, Issue 2 – pp. 107-112.

66.Weltman G., Egstrom G.H. Underwater heart rate telemetry using an ultrasonic voice communication system // Aerosp. Med. – 1968 – Vol. 39, Issue 12 – pp. 1354-1355.

67.Istepanian R.S., Woodward B. Microcontroller-based underwater acoustic ECG telemetry system // IEEE Trans. Inf. Technol. Biomed. – 1997 – Vol. 1, Issue 2 – pp. 150-154.

68.Joshi D., Eisenberg S., Rogel S. Intra-atrial tele-electrocardiography // Isr. Journ. Med. Sci. – 1969 – Vol. 5, Issue 4 – pp. 554-558.

69.Mackay R.S. A progress report on radio telemetry from inside the body // Biomed. Sci. Instrum. – 1964 – Vol. 2 – pp. 275-292.

70.Fryer T.B., Sandler H. A review of implant telemetry systems // Biotelemetry – 1974 – Vol. 1, Issue 6 – pp. 351-374.

71.Russell D.M., McCormick D., Taberner A.J., Malpas S.C., Budgett D.M. A high bandwidth fully implantable mouse telemetry system for chronic ECG measurement // Conf. Proc. IEEE Eng. Med. Biol. Soc. – 2011 – pp. 7666-7669.

72.Khayatzadeh M., Zhang X., Tan J., Liew W.S., Lian Y. A 0.7-V 17.4- μ W 3-lead wireless ECG SoC // IEEE Trans. Biomed. Circuits. Syst. – 2013 – Vol. 7, Issue 5 – pp. 583-592.

73.Ax A.F., Andreski L., Courter R., Digiovanni C., Herman S., Lucas D., Orrick W. The artifact problem in telemetry of physiological variables // Biomed. Sci. Instrum. – 1964 – Vol. 2 – pp. 229-233.

74.Kurisu S. Telemetry monitoring artifact associated with Adams-Stokes attack // Clin. Cardiol. – 2010 – Vol. 33, Issue 6 – Art. No.: E122 – doi: 10.1002/clc.20727.

75.Beaumont E. ECG telemetry // Nursing – 1974 – Vol. 4, Issue 7 – pp. 27-34.

76.Berg K. Heart-rate telemetry for evaluation of the energy expenditure of children with cerebral palsy // Amer. Journ. Clin. Nutr. – 1971 – Vol. 24, Issue 12 – pp. 1438-1445.

77.Ko W.H., Yon E.T., Mabrouk S., Hynecek J. Taped on heart rate and electrocardiogram telemetry transmitters // Journ. Assoc. Adv. Med. Instrum. – 1971 – Vol. 5, Issue 5 – pp. 268-272.

78.Semler H.J., Kuhn L.E., Smith L.D. Instant telemetry. A practical method to detect transient arrhythmias // Postgrad. Med. – 1973 – Vol. 54, Issue 6 – pp. 133-135.

79.Pozen M.W., Fried D.D., Smith S., Lindsay L.V., Voigt G.C. Studies of ambulance patients with ischemic heart disease. 1. The outcome of prehospital life-threatening arrhythmias in patients receiving electrocardiographic telemetry and therapeutic interventions // Amer. Journ. Pub. Health. – 1977 – Vol. 67, Issue 6 – pp. 527-523.

80.Norland C.C., Semler H.J. Angina pectoris and arrhythmias documented by cardiac telemetry // JAMA – 1964 – Vol. 190 – pp. 115-118.

81.Beerwinkle K.R., Burch J.J. A low-power combination electrocardiogramrespiration telemetry transmitter // IEEE Trans. Biomed. Eng. – 1976 – Vol. 23, Issue 6 – pp. 484-486.

82.Sandler H., McCutcheon E.P., Fryer T.B., Rositano S., Westbrook R., Haro P. Recent NASA contributions to biomedical telemetry // Amer. Psychol. – 1975 – Vol. 30, Issue 3 – pp. 257-264.

83.Jarmon R.G. Cardiac telemetry exercise program // JACEP – 1977 – Vol. 6, Issue 2 – pp. 50-52.

84.Chui R.W., Vargas H.M. A comparison of three software platforms for automated ECG analysis // Journ. Pharmacol. Toxicol. Meth. – 2009 – Vol. 60, Issue 1 – pp. 28-38.

85.Kunzmann U., von Wagner G., Schöchlin J., Bolz A. Parameter extraction of ECG signals in real-time // Biomed. Tech. – 2002 – Vol. 47, Suppl. 1, Pt. 2 – pp. 875-878.

86.Ganguly P., Ray P. A methodology for the development of software agent based interoperable telemedicine systems: a teleelectrocardiography perspective // Telemed. Journ. – 2000 – Vol. 6, Issue 2 – pp. 283-294.

87.Skorga P. The arrhythmia detection accuracy of telemetry monitor technicians // Foc. Crit. Care. – 1984 – Vol. 11, Issue 6 – pp. 49-53.

88.AHA: data lag can make telemetry innappropriate for instantaneous ECG monitoring // Health Devices – 2012 – Vol. 41, Issue 12 – p. 401.

89.Turakhia M.P., Estes N.A., Drew B.J., Granger C.B., Wang P.J., Knight B.P., Page R.L., Latency of ECG displays of hospital telemetry systems: a science advisory from the American Heart Association // Circulation – 2012 – Vol. 126, Issue 13 – pp. 1665-1669.

90.Scholz K.H., von Knobelsdorff G., Ahlersmann D., Keating F.K., Jung J., Werner G.S., Nitsche R., Duwald H., Hilgers R. Prozessentwicklung in der Herzinfarktversorgung: Netzwerkbildung, Telemetrie und standardisiertes

Qualitätsmsnagment mit systematisher Ergebnisrückkoplung // Herz – 2008 – Vol. 33, Issue 2 – pp. 102-109.

91.Wang Y., Rudy Y. Application of the method of fundamental solutions to potential-based inverse electrocardiography // Ann. Biomed. Eng. – 2006 – Vol. 34, Issue 8 – pp.1272-1288.

92.Nørgaard B.L., Sørensen C., Larsen T., Thygesen K., Dellborg M. Computerized vectorcardiography telemetry: a new device for continuous multilead ST-segment monitoring of ambulatory patients. A preliminary report // Ann. Noninvas. Electrocardiol. – 2002 – Vol. 7, Issue 3 – pp. 204210.

93.Peterson M.C., Whetten D.K., Renlund D.G., Coletti A. Sensitivity of rhythm disturbance detection by community hospital telemetry // Ann. Noninvas. Electrocardiol. – 2002 – Vol. 7, Issue 3 – pp. 219-221.

94.Benezet-Mazuecos J., Ibanez B., Rubio J.M., Navarro F., Martín E., Romero J., Farre J. Utility of in-hospital cardiac remote telemetry in patients with unexplained syncope // Europace – 2007 – Vol. 9, Issue 12 – pp. 11961201.

95.Lambrew C.T. The experience in telemetry of the electrocardiogram to a base hospital // Heart Lung. – 1974 – Vol. 3, Issue 5 – pp. 756-764.

96.Campbell R.W., Gardiner P., Murray A. Automatic analysis of ambulatory ECG records // Eur. Heart Journ. – 1984 – 5 Suppl B – pp. 3134.

97.Lambrew C.T., Schuchman W.L., Cannon T.H. Emergency medical transport systems: use of ECG telemetry // Chest – 1973 – Vol. 63, Issue 4 – pp. 477-482.

98.Sanders A.B. Electrocardiographic telemetry: determining its value in emergency medical services // Acad. Emerg. Med. – 1995 – Vol. 2, Issue 4 – pp. 246-247.

99.Hollander J.E., Delagi R., Sciammarella J., Viccellio P., Ortiz J., Henry M.C. On-line telemetry: prospective assessment of accuracy in an allvolunteer emergency medical service system // Acad. Emerg. Med. – 1995 – Vol. 2, Issue 4 – pp. 280-286.

100. Owens P. Electronics and emergency medicine: speeding help to the patient via telemetry and telephone // Biomed. Commun. – 1976 – Vol. 4, Issue 1 – pp. 22-23, pp. 37-40, p. 43.

101. Levine I.M., Jossmann P.B., Tursky B., Meister M., Deangelis V. Telephone telemetry of bioelectric information // JAMA – 1964 – Vol. 188 – pp. 794-798.

102. Melvin J.P. Telephone telemetry // Journ. Mis. St. Med. Assoc. – 1964 – Vol. 5, Issue 3 – pp. 84-86.

103. Hoffman I., Cosby R.S. Telephonic electrocardiography // Calif. Med. – 1964 – Vol. 100 – pp. 264-267.

104. Grant L.J. Telemetry of ECG waveforms via the GPO telephone system // Br. Journ. Hosp. Med. – 1981 – Vol. 25, Issue 5 – pp. 510-512.

105. Gorjup V., Jazbec A., Gersak B. Transtelephonic ECG in Slovenia // Stud. Health Technol. Inform. – 1999 – Vol. 68 – pp. 217-222.

106. Sufi F., Fang Q., Cosic I. ECG R-R peak detection on mobile phones // Conf. Proc. IEEE Eng. Med. Biol. Soc. – 2007 – pp. 3697-700.

107. Gandsas A., Montgomery K., McKenas D., Altrudi R., Silva Y. Inflight continuous vital signs telemetry via the Internet // Aviat. Sp. Envir. Med. – 2000 – Vol. 71, Issue 1 – pp. 68-71.

108. Xia H., Asif I., Zhao X. Cloud-ECG for real time ECG monitoring and analysis // Comput. Meth. Prog. Biomed. – 2013 – Vol. 110, Issue 3 – pp. 253-259.

109. Huang Y.C., Chang S.L., Lin Y.J., Lo L.W., Hu Y.F., Chao T.F., Sheen W.L., Chuang H.L., Chen M.L., Li H.C., Lin F.L., Liu C.H., Chen S.A. Clinical significance of novel cloud-based telemetry ECG in detecting arrhythmias, reducing hospitalizations and medical cost // Int. Journ. Cardiol. – 2013 – Vol. 168, Issue 4 – pp. 4270-4272.

110. Csernath G, Szilagyi L, Fordos G, Szilagyi SM. A novel ECG telemetry and monitoring system based on Z-Wave communication // Conf. Proc. IEEE Eng. Med. Biol. Soc. – 2008 – pp. 23612364.

111. Fascenelli F.W. Electrocardiography by do-it-yourself radiotelemetry // New Eng. Journ. Med. – 1965 – Vol. 273, Issue 20 – pp. 1076-1079.

112. Lieberman J. How telemedicine is aiding prompt ECG diagnosis in primary care // Br. Journ. Com. Nurs. – 2008 – Vol. 13, Issue 3 – pp. 123126.

113. Bai J., Zhang Y., Zhou X., Dai B., Cui Z., Lin J., Ding C., Zhang P., Yu B., Ye L., Shen D., Zhu Z., Zhang J., Ye D., Zhou L. A home electrocardiography and blood pressure telemonitoring system // Journ. Telemed.Telec. – 1997 – Vol. 3, Suppl. 1 – pp. 1-2.

114. Lin D.C., Bucher B.P., Davis H.P., Sprunger L.K. A lowcost telemetry system suitable for measuring mouse biopotentials // Med. Eng. Phys. – 2008 – Vol. 30, Issue 2 – pp. 199-205.

115. Uhley H.N. An inexpensive receiver for ECG telemetry // Amer. Heart Journ. – 1976 – Vol. 91, Issue 3 – pp. 346-348.

116. Patricoski C., Ferguson A.S. ECG acquisition using telemedicine in Alaska // Alaska Med. – 2003 – Vol. 45, Issue 3 – pp. 60-63.

117. Alte D., Völzke H., Robinson D.M., Kleine V., Grabe H.J., John U., Felix S.B. Tele-electrocardiography in the epidemiological 'Study of Health in Pomerania' (SHIP) // Journ. Telemed. Telecare. – 2006 – Vol. 12, Issue 2 – pp. 103-107.

118. Christensen H., Fogh Christensen A., Boysen G. Abnormalities on ECG and telemetry predict stroke outcome at 3 months // Journ. Neur. Sci. – 2005 – Vol. 234, Iss. 1-2 – pp. 99-103.

119. Rollins D.L., Killingsworth C.R., Walcott G.P., Justice R.K., Ideker R.E., Smith W.M. A telemetry system for the study of spontaneous cardiac arrhythmias // IEEE Trans. Biomed. Eng. – 2000 – Vol. 47, Issue 7 – pp. 887-892.

120. Fang Z., Lai D., Ge X., Wu X. Successive ECG telemetry monitoring for preventing sudden cardiac death // Conf. Proc. IEEE Eng. Med. Biol. Soc. – 2009 – pp. 1738-1741

121. Kennedy H.L. Ambulatory (Holter) electrocardiography technology // Cardiol. Clin. – 1992 – Vol. 10, Issue 3 – pp. 341-359.

122. Couderc J.P. A scientific repository to support the research and development of technologies related to quantitative electrocardiography: the Telemetric and Holter ECG Warehouse (THEW) // Cardiol. Journ. – 2010 – Vol. 17, Issue 4 – pp. 416-419.

123. Byford G.H. Medical radio telemetry // Proc. Roy. Soc. Med. – 1965 – Vol. 58, Issue 10 – pp. 795-798.

124. Hill D.W. The use of radio-telemetry in the monitoring of babies // Acta Anaest. Scan. Suppl. – 1966 – Vol. 25 – pp. 127-129.

125. Caceres C.A. Telemetry in medicine and biology // Adv. Biomed. Eng. Med. Phys. – 1968 – pp. 279-316.

126. Chapman W.E. Electronics in medical practice: variations in telemetry // Post. Med. – 1968 – Vol. 43, Issue 6 – pp. 49-50.

127. Woodwark G.M., Gillespie I.A. Monitoring of ambulance patients by radio telemetry // Can. Med. Assoc. Journ. – 1970 – Vol. 102, Issue 12 – pp. 1277-1279.

128. Mitchell B.W., Siegel H.S. Physiological response of chickens to heat stress measured by radio telemetry // Poult. Sci. – 1973 – Vol. 52, Issue 3 – pp. 1111-1119.

129. Jeutter D.C. Biomedical telemetry techniques // Crit. Rev. Biomed. Eng. – 1982 – Vol. 7, Issue 2 – pp. 121-174.

130. Ott P., Malasky B. A puzzling telemetry tracing // Europace – 2006 – Vol. 8, Issue 6 – p. 459.

131. Weiss R. Cellular ECG transmissions save lives // Health Prog. – 2003 – Vol. 84, Issue 5 – pp. 11, 50.

132. Schennetten F. Semiautomatic-planimetric analysis of the BCG (by means of an electrointegrationset) // Bib. Card. – 1975 – No. 33 – pp. 84-86.

133. Barr R.R., Dunn M.A., Larson D. Microfilmed ECGs // Hospitals – 1970 – Vol. 44, Issue 8 – pp. 61-63.

134. Hon EH, Murata Y, Zanini B, Martin CB, Lewis DE. Continuous microfilm display of the electromechanical intervals of the cardiac cycle // Obst. Gynecol. – 1974 – Vol. 43, Issue 5 – pp. 722-728.

135. Palmer B. Systematic cardiac rhythm strip analysis // Medsurg. Nurs. – 2011 – Vol. 20, Issue 2 – pp. 96-97.

136. Hoffmayer K.S., Goldschlager N. The importance of multiple telemetry leads // Journ. Electrocardiol. – 2008 – Vol. 41, Issue 6 – p. 613.

137. McLean S., Egan G., Connor P., Flapan A.D. Collaborative decisionmaking between paramedics and CCU nurses based on 12lead ECGtelemetry expedites the delivery of thrombolysis in ST elevation myocardial infarction // Emerg. Med. Journ. – 2008 – Vol. 25, Issue 6 – pp. 370-374.

138. Littmann L., Butschek R., Okeagu E. ECG Quiz. Rapid repetitive electric signals in a 12-lead ECG and in telemetry // Journ. Electrocardiol. – 2013 – Vol. 46, Issue 4 – pp. 366-367.

139. Hitchens M. Telemetry: who's watching the monitor? // Crit. Care Nurse. – 1992 – Vol. 12, Issue 6 – pp. 100-102.

140. Goldman L. Telemetry or not telemetry: a great leap forward or a waste of resources?//Amer. Journ.Med. – 2001 – Vol. 110, Issue 1–pp. 67-68.

141. Chen E.H., Sareen A. Do children require ECG evaluation and inpatient telemetry after household electrical exposures? // Ann. Emerg. Med. – 2007 – Vol. 49, Issue 1 – pp. 64-67.

142. Henriques-Forsythe M.N., Ivonye C.C., Jamched U., Kamuguisha L.K., Olejeme K.A., Onwuanyi A.E. Is telemetry overused? Is it as helpful as thought? // Cl. Clin. Journ. Med. – 2009 – Vol. 76, Issue 6 – pp. 368-372.

143. Grossman S.A., Shapiro N.I., Mottley J.L., Sanchez L., Ullman E., Wolfe R.E. Is telemetry useful in evaluating chest pain patients in an observation unit?//Intern.Emerg.Med.–2011–Vol.6,Issue6–pp. 543546.

144. Chiu D.T., Shapiro N.I., Sun B.C., Mottley J.L., Grossman S.A. Are echocardiography, telemetry, ambulatory electrocardiography monitoring, and cardiac enzymes in emergency department patients presenting with syncope useful tests? A preliminary investigation. // Journ. Emerg. Med. – 2014 – Vol. 47, Issue 1 – pp. 113-118.

145. Au-Yeung K., Johnson C.R., Wolf P.D. A novel implantable cardiac telemetry system for studying atrial fibrillation // Physiol. Meas. – 2004 – Vol. 25, Issue 5 – pp. 1223-1238.

146. Fischell T.A., Fischell D.R., Fischell R.E., Virmani R., DeVries J.J., Krucoff M.W. Real-time detection and alerting for acute ST-segment elevation myocardial ischemia using an implantable, high-fidelity, intracardiac electrogram monitoring system with long-range telemetry in an ambulatory porcine model // Journ. Amer. Coll. Cardiol. – 2006 – Vol. 48, Issue 11 – pp. 2306-2314.

147. Derakhchan K., Chui R.W., Stevens D., Gu W., Vargas H.M.
Detection of QTc interval prolongation using jacket telemetry in conscious non-human primates: comparison with implanted telemetry // Br. Journ. Pharmacol. – 2014 – Vol. 171, Issue 2 – pp. 509-522.

148. Градов О.В., Нотченко А.В. Спектрозональные лаборатории на чипе с радиочастотной трансляцией. *Труды конференции "Физика и радиоэлектроника в медицине и экологии"*, Книга 3, Секция 6, сс. 63-68, 2012.